Ahmed Rasidun Bari Dip
Md.Shihab Sadik
Omi Evance Rozario

Análise do sentimento dos tweets sobre a Covid-19 utilizando um algoritmo de aprendizagem automática

Ahmed Rasidun Bari Dip
Md.Shihab Sadik
Omi Evance Rozario

Análise do sentimento dos tweets sobre a Covid-19 utilizando um algoritmo de aprendizagem automática

ScienciaScripts

Cover image: www.ingimage.com

This book is a translation from the original published under ISBN 978-620-8-11810-5.

Publisher:
Sciencia Scripts
is a trademark of
Dodo Books Indian Ocean Ltd. and OmniScriptum S.R.L publishing group

120 High Road, East Finchley, London, N2 9ED, United Kingdom
Str. Armeneasca 28/1, office 1, Chisinau MD-2012, Republic of Moldova, Europe
Managing Directors: Ieva Konstantinova, Victoria Ursu
info@omniscriptum.com

Printed at: see last page
ISBN: 978-620-8-58014-8

Agradecimentos

Em primeiro lugar, gostaríamos de manifestar a minha gratidão a Deus Todo-Poderoso por ter concluído esta tese a tempo, graças à Sua graça. Estamos muito gratos às Faculdades de Ciências e Tecnologia da American International University Bangladesh por me terem possibilitado estudar aqui. Os nossos agradecimentos especiais e sinceros ao nosso orientador, Professor Dr. Ashraf Uddin, Professor Assistente, AIUB, que nos encorajou e orientou. Os seus desafios levaram este trabalho a bom porto. Este trabalho foi criado sob a sua direção. Assumimos toda a responsabilidade por eventuais falhas.

Gostaríamos também de aplaudir a nossa vice-reitora, Dra. Carmen Z. Lamagna, AIUB, por nos ter dado a oportunidade de fazer esta defesa. Além disso, estamos também muito gratos ao nosso externo Sazzad Hossain, Professor Assistente, Faculdade de Ciências e Tecnologia, pelas suas sugestões e recomendações úteis, diretivas profissionais e apoio compassivo na atualização do nosso trabalho ao longo deste período.

Obrigado a todos os professores do nosso departamento e à administração da AIUB pela sua ajuda e cooperação durante este projeto.

Resumo

A Covid-19, conhecida basicamente como doença do coronavírus de 2019, foi considerada uma epidemia pela OMS em 11 de março de 2020. Foi exercida uma pressão sem precedentes sobre cada país para criar requisitos obrigatórios para o controlo da população, avaliando os casos e utilizando adequadamente os recursos disponíveis. O número exponencial e crescente de casos em todo o mundo tem levado as pessoas ao pânico, à agitação e à ansiedade. A saúde metafísica e física da população universal começa a estar atualmente equilibrada com esta epidemia. A circunstância atual é que, em 27 de dezembro de 2021, mais de 282 milhões de pessoas em todo o mundo testaram positivo. Portanto, é hora de implementar medidas relevantes para manter os países seguros, fornecendo informações e dados relevantes. O estudo analisou dois tipos de tweets recolhidos durante a epidemia. Num dos casos, foram analisados mais de 23 000 tweets re-tweetados entre 1 de janeiro de 2020 e 20 de dezembro de 2021, e as observações indicam que o maior número de tweets representava um sentimento neutro ou negativo. O estudo concluiu que, embora a maioria das pessoas tenha tweetado positivamente sobre a COVID-19, os internautas estavam ocupados a re-tweetar tweets depressivos, e nenhuma palavra útil foi colocada nos cálculos utilizando a frequência de palavras nos tweets. As afirmações foram verificadas utilizando um modelo proposto que utiliza o classificador de aprendizagem profunda com uma precisão aceitável até 66%.

PALAVRAS-CHAVE

Tweets COVID-19; Algoritmos de aprendizagem automática; Matriz de confusão; Regressão logística; Máquinas de vectores de suporte; Floresta aleatória; Rede neural artificial; Árvore de decisão

Índice

Agradecimentos 1

Resumo 2

Índice 3

Lista de quadros .... Error! Bookmark not defined.

Lista de figuras .... Error! Bookmark not defined.

Capítulo 1: Introdução 4

Capítulo 2: Revisão da literatura 13

Capítulo 3: Metodologia 21

Capítulo 4: Análise dos resultados 26

Máquinas de vetor de suporte 26

Capítulo 5: Conclusão 35

Referências 37

Capítulo 1: Introdução

A Covid-19 é uma doença pestilenta fatal que se expande através da contiguidade com pessoas que tossem, espirram ou falam. Atualmente, está a causar frustração, stress e ansiedade devido a informações erradas publicadas no Twitter, no Facebook, etc. A saúde mental é diretamente afetada pela rápida expansão de notícias fictícias através das redes sociais. Com a atual situação de confinamento e distanciamento social, a principal dependência dos indivíduos em relação à Internet e aos meios de comunicação social foi considerada a mais ativa. As estatísticas mostram claramente o gráfico da figura 1, que ilustra o aumento da utilização de dados da Internet a nível mundial.

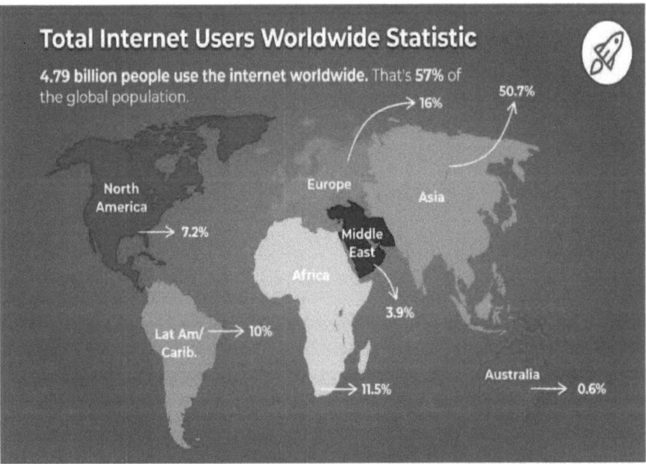

Fig 1-1: Utilizadores da Internet no mundo: 2020

A rápida expansão do vírus COVID-19 nas populações, que se tornou contagioso e nocivo para os seres humanos, alarmou cientistas e políticos. A Organização Mundial de Saúde considerou a COVID-19 uma pandemia, pondo em risco vidas humanas em todo o mundo. Há poucos casos em certas regiões, algumas centenas noutras com transmissão comunitária precoce e dezenas de milhares noutras com transmissão incontrolada e omnipresente. Foram empreendidas várias técnicas para reduzir o número de indivíduos infectados, alterando drasticamente a estrutura das comunidades em todo o mundo. Dado que a situação se agrava de dia para dia, a divulgação de informação atempada e exacta é uma preocupação fundamental para a gestão e prevenção de doenças. Além disso, o perigo de uma doença infecciosa tem um impacto substancial na forma como os indivíduos percepcionam e se comportam de várias maneiras. Algumas das mudanças observadas nos últimos meses incluem a acumulação e o aumento da ansiedade, que têm implicações significativas para o bem-estar social, a saúde e a economia global. Mas a covid-19 está a aumentar rapidamente, o que tem um impacto na economia mundial. As estatísticas mostram claramente o gráfico da Figura 2, que ilustra o aumento da utilização de dados da Covid-19 a nível mundial.

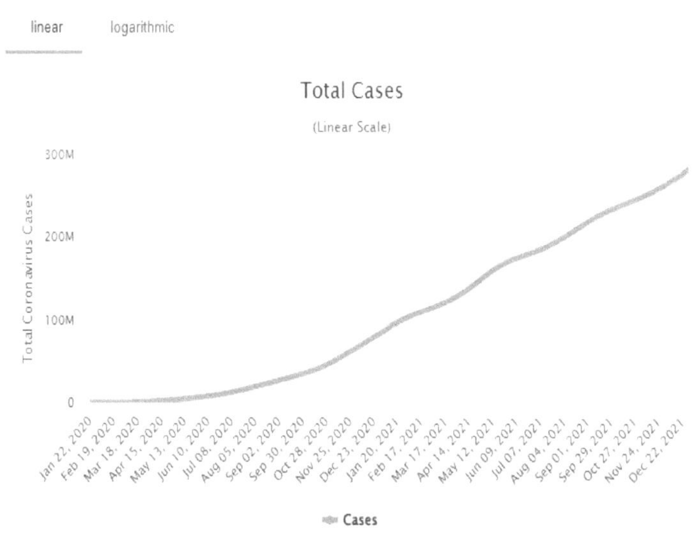

Fig 1-2: Total de casos de Covid-19 em gráfico linear

E aqui a distribuição de casos de país covid-19.

Countries cases distribution

Distribution of cases

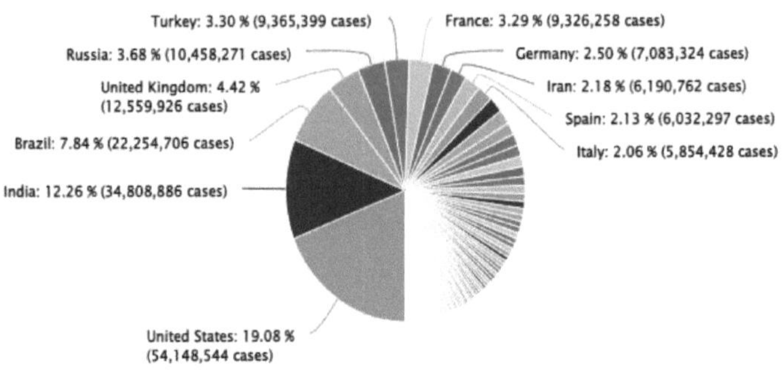

Fig 1-3: Distribuição dos casos por país (gráfico de pizza)

Os governos lançaram importantes acções económicas e de saúde pública em resposta a esta situação inusitada. Estamos a assistir a uma remodelação dramática da ordem económica e social em que as empresas e a sociedade têm funcionado historicamente. As suas conclusões sublinharam a necessidade de uma gestão direta entre os clínicos e as autoridades de saúde pública. Perlman sublinhou a necessidade de recolher isolamentos clínicos geograficamente independentes para avaliar o nível de variação viral e determinar se estas modificações indicam uma adaptação ao hospedeiro humano. A impressão de métricas de distância física é uma das áreas que merecem ser investigadas. Sabemos que medições minuciosas da distância física no terreno podem resultar num colapso significativo da frequência de novos casos de COVID-19. Desde que surgiu, o surto de coronavírus afectou mais de 180 países, onde a economia global e o emprego foram gravemente prejudicados e limitados a cerca de 58% da população mundial. No entanto, a variedade de procedimentos utilizados e a severidade com que são utilizados para saber o que funciona e quanto tempo demora merece uma análise mais aprofundada. Estão a ser realizadas muitas investigações para compreender melhor as implicações epidemiológicas desta doença, e ainda há mais para aprender sobre este vírus.

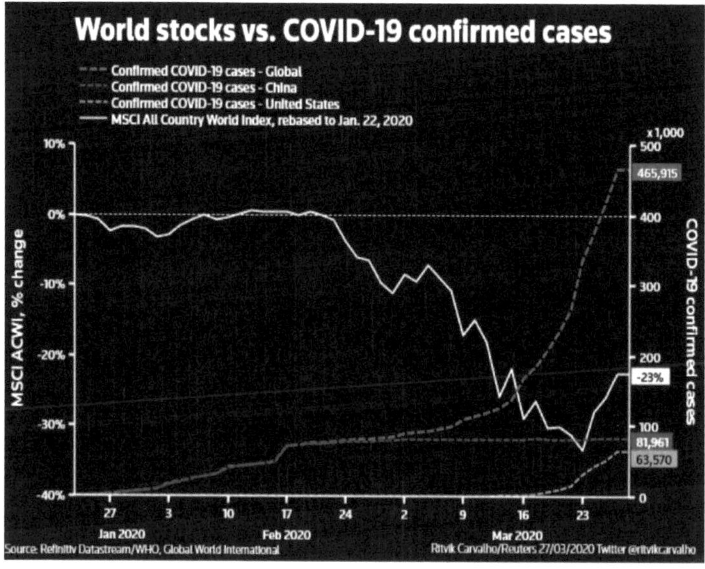

Fig. 1-4: Existências mundiais vs. COVID 19 casos confirmados

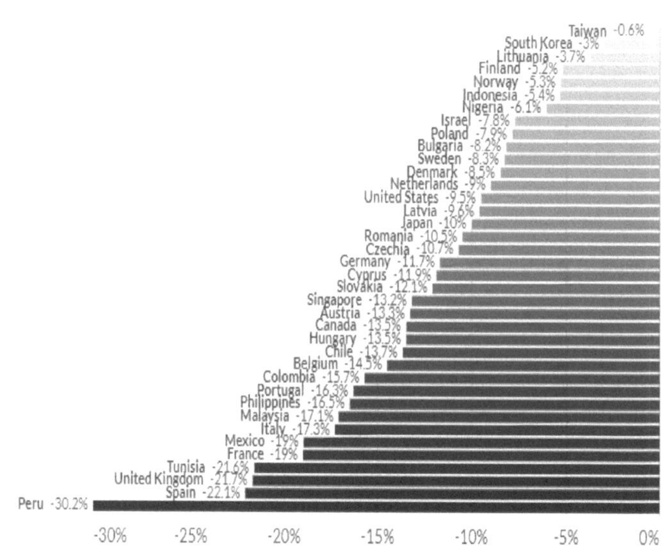

Fig. 1-5: Repartição económica durante a Covid-19

Outra questão importante neste período único é a resiliência da economia face à epidemia. Definiram a pandemia de COVID-19 como uma "crise económica imediata" e perguntaram por quanto tempo esta crise se prolongaria. Falaram da reabertura gradual da vida social e económica. Também investigou os impactos das limitações impostas à população para conter a rápida propagação do vírus, como quarentenas, ordens de permanência em casa, encerramento de empresas e proibições de viagens, que resultaram numa queda maciça da economia global. Os dados para quantificar estes efeitos ainda estão a chegar; no entanto, os números preliminares sugerem que 30 milhões de americanos pediram subsídio de desemprego na semana que terminou a 9 de maio. Os autores recomendaram cinco fases de técnicas para lidar com esta circunstância, incluindo a resolução, a resiliência, o regresso, a reimaginação e a reforma, e realizaram uma investigação sobre a forma de reiniciar as economias nacionais no meio de um surto de coronavírus. Afirmaram que o mundo tem de tomar medidas para prevenir o vírus e, ao mesmo tempo, reduzir o efeito nocivo nas empresas dos residentes. Os progressos alcançados nestas áreas ajudarão a moldar a recuperação económica investigaram a influência do coronavírus no ensino superior e a forma como este afecta os estudantes. Sugeriram um centro nevrálgico integrado, uma arquitetura básica, flexível e multifuncional concebida para se adaptar a situações em rápida mutação. Consistia em quatro tipos de operações: explorar, dispor, planear e oferecer. O principal objetivo do centro nevrálgico integrado sugerido é que a instituição seja especializada em antecipar acontecimentos e reagir de forma imediata, inteligente e estratégica. Entre a riqueza de factores meteorológicos exógenos, é utilizada uma abordagem de aprendizagem automática para escolher critérios cruciais que prevejam de forma fiável a propagação viral.

Fig. 1-6: Visualização de palavras frequentes para Tweets deprimidos

Durante a pandemia do coronavírus (COVID-19), registou-se um aumento considerável dos distúrbios de saúde mental a nível mundial. Para limitar a propagação do vírus nas fases iniciais da epidemia, o mundo inteiro implementou medidas de confinamento e quarentena, que tiveram um efeito na vida quotidiana e na saúde das pessoas. Em todos os países, a epidemia de COVID-19 tem um impacto na situação económica das pessoas, nos serviços de saúde e noutros aspectos do estilo de vida. Quisemos ver como o surto de COVID-19 afectou a saúde mental das pessoas através de tweets.

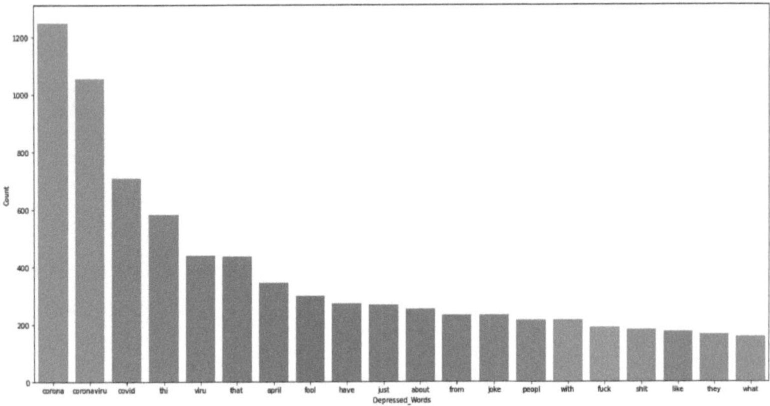

Fig. 1-7: Top 20 palavras deprimidas

As grandes plataformas de redes sociais incluíram muitas formas de partilhar informações a um ritmo e penetração rápidos. Mais de 3 mil milhões de pessoas utilizam as redes sociais regularmente, e muitas delas fazem-no durante longos períodos de tempo. Foi criado um painel de controlo para avaliar a desinformação nas interações do Twitter durante estas ocasiões históricas. À medida que a questão evoluía, este painel de controlo deu uma visão dos debates nas redes sociais em torno do coronavírus e da qualidade das informações publicadas na rede. Criaram também um mecanismo de deteção de material enganador e ilusório no fluxo de informação do Twitter. Muitas pessoas estudaram o papel das redes sociais como um instrumento importante para lidar com a epidemia em curso, bem como para alterar elementos do planeamento e da resposta a catástrofes no futuro. Sublinharam a necessidade de utilizar as redes sociais para fornecer informações exactas sobre muitas questões vitais durante a epidemia, nomeadamente quando fazer testes, o que fazer com os resultados e onde procurar tratamento. Para além das questões acima referidas, apenas alguns trabalhos de investigação abordaram a questão da deteção de eventos. Por exemplo, surgiram técnicas categorizadas de análise do Twitter sobre tarefas, tipos de eventos e a dependência do conteúdo dos tweets. Farzindar e Khreich realizaram uma investigação semelhante, na qual examinaram a deteção de eventos nos dados do Twitter, dependendo dos tipos de eventos, das caraterísticas, das técnicas de deteção e das tarefas. Algumas pessoas categorizaram os actuais algoritmos de identificação de eventos no Twitter e destacaram as suas deficiências. Também forneceram algumas alternativas para ultrapassar as falhas das técnicas actuais.

As pessoas estão a ser afastadas dos locais públicos e muitas conversas sobre o Coronavírus estão agora a decorrer em linha, por exemplo, em sítios de redes sociais como o Twitter. Dado que cada vez mais pessoas dependem das redes sociais, a questão que se coloca atualmente é a de saber como podemos utilizar os dados das redes sociais para ajudar a atenuar e controlar a pandemia de COVID-19. No entanto, não foi efectuada qualquer investigação para conhecer a opinião e o ponto de vista do público sobre a epidemia de COVID-19. O objetivo desta investigação é acompanhar as atitudes das pessoas ao longo do tempo para ver como as suas expectativas, percepções e acções mudam à medida que a crise avança. A seguinte questão relacionada com o coronavírus será abordada neste estudo:

- Existe uma variação na predominância de emoções dos utilizadores do Twitter nos tweets relacionados com a covid-19?

Para resolver os problemas de investigação acima referidos, propusemos uma nova técnica baseada na fusão de métodos de aprendizagem profunda e de métodos tradicionais de aprendizagem supervisionada. Nesta técnica, cinco algoritmos de aprendizagem automática são treinados num grande conjunto de dados rotulados de tweets. Finalmente, o aprendiz treinado é utilizado para categorizar os tweets não rotulados relacionados com o coronavírus.

Compreender o potencial das reacções do público a este tipo de ocorrências face à ambiguidade é necessário para evitar receios indevidos e dar uma resposta correta. Este estudo recolheu uma vasta gama de dados sobre o pensamento público e acompanhou a repercussão pública do coronavírus utilizando dados do Twitter. A descoberta desta investigação ajudará a identificar os elementos que determinam as reacções do público ao coronavírus na fórmula desta catástrofe de saúde pública que está a emergir rapidamente. Os resultados da investigação também ajudarão os responsáveis pela saúde pública a dar sugestões sobre a forma de estabelecer uma ligação eficaz com os indivíduos e de apresentar soluções de saúde pública às pessoas mais vulneráveis à doença.

Os principais contributos do estudo são os seguintes:

- Ao fundir modelos profundos baseados em transformadores de última geração, este artigo propõe um novo modelo de fusão para a análise de sentimentos de tweets. O conjunto de dados do Twitter foi utilizado para treinar e avaliar este modelo.
- Os resultados desta investigação podem ajudar os cientistas sociais e os governos a determinar as atitudes temporais e geográficas das pessoas em relação ao coronavírus.

Capítulo 2: Revisão da literatura

Esta investigação baseia-se em publicações de investigação de vários domínios; por conseguinte, nesta parte, faremos uma revisão da literatura sobre análise de sentimentos e abordagens de aprendizagem automática.

O que é exatamente a doença do coronavírus? A COVID-19 é uma doença pestilenta causada por um novo coronavírus. Em Wuhan, na China, foram registados os primeiros casos do que viria a ser apelidado de Coronavírus Identificado em dezembro de 2019 (Huang et al., 2020) [1] Inicialmente, o impacto da doença limitava-se a Wuhan e a alguns outros locais no Sudeste Asiático. Depois de dois profissionais de saúde terem sido acusados em Guangdong, na China, foi provado que o vírus era transmissível entre humanos em 20 de janeiro de 2020. Os primeiros relatos vieram dos Estados Unidos e da Coreia do Sul, respetivamente. As coisas não vão ficar calmas por muito tempo, uma vez que a Itália foi o primeiro país europeu a notificar casos em 30 de janeiro de 2020. (OMS, 2020). Em janeiro, foram também registados incidentes na Alemanha, Finlândia e Itália. Até 10 de maio de 2020, foram registadas 4 milhões de doenças e 200 mil mortes em todo o mundo (Huang et al., 2020) [1].

Sem dúvida, a pandemia tem sido um tema de conversa entre pessoas de todos os meios socioeconómicos. Em todos os canais dos meios de comunicação social, e as redes sociais não foram exceção, os temas em destaque têm sido os trending topics. No Twitter, por exemplo, as conversas sobre a COVID-19 têm dominado os trending topics, com pontos de vista que apoiam ou se opõem às medidas tomadas por vários países para combater a pandemia. Os governos de todo o mundo têm utilizado uma série de estratégias para conter o vírus, incluindo o isolamento económico, o isolamento social e a separação física. Sem obrigações laborais ou a possibilidade de trabalhar a partir de casa, muitos recorreram à Internet para partilhar uma série de pensamentos, queixas e sentimentos sobre a situação. A descodificação do sentimento e da opinião do público pode ser extremamente benéfica para influenciar a orientação das políticas e a forma como os governos comunicam informações sobre a epidemia, uma vez que estão mais bem equipados para prever a forma como determinados modos de divulgação de informações serão percebidos. Devido à magnitude da epidemia de COVID-19 e ao seu impacto nas economias e nas vidas das pessoas, nomeadamente os confinamentos e os encerramentos parciais das sociedades. A Organização Mundial de Saúde (OMS, 2020) [2] dedicou muito trabalho ao estudo dos comportamentos e das respostas. Os estudos conexos que se seguem são importantes para o conteúdo do artigo

O Dr. Akash D Dubey [3] efectuou uma investigação sobre os estados emocionais da população em geral durante a epidemia de COVID-19. Este trabalho de investigação teve em consideração tweets de doze nações diferentes. Estes tweets foram recolhidos entre 11 de março de 2020 e 31 de março de 2020 e estão todos relacionados com a COVID19, de uma forma ou de outra. [3] Esta investigação foi realizada com o objetivo de determinar a forma como os habitantes de várias nações estão a lidar com o cenário atual. Foi recolhida, pré-processada e depois utilizada para extração de texto e análise de sentimentos nos tweets recolhidos. De acordo com os resultados do inquérito, embora a grande maioria das pessoas em todo o mundo esteja a adotar uma perspetiva otimista e esperançosa, há casos de pavor, tristeza e desprezo expressos em todo o mundo. No entanto, quando comparados com as outras oito nações, quatro países, nomeadamente a França, a Suíça, os Países Baixos e os Estados Unidos da América, mostraram mais indicadores de desconfiança e raiva do que os outros. Embora os investigadores tenham utilizado o NRC Lexicon para avaliar os tweets em relação a oito emoções distintas, não incluíram as emoções de sarcasmo e ironia na sua análise.
Xue et al. (2020) [4] começaram por calcular o número de palavras

pertencentes a cada categoria de emoção, que é uma coleção de palavras inglesas e as suas correlações com intuições. A LDA foi então utilizada para deduzir os bigramas e pensamentos mais comuns nos Tweets. [4] Este documento demonstra que as metodologias de análise de dados e de aprendizagem automática do Twitter podem ser utilizadas para realizar um estudo de info-semiologia, analisando os debates e as atitudes públicas em desenvolvimento durante a epidemia de COVID-19, tal como demonstrado no estudo.

Em 2020, Samuel et al. [5] utilizaram ainda mais linguística e obtiveram representações de dados para analisar 9000 tweets e mostrar a evolução do pavor quando a COVID-19 atingiu o clímax sobretudo nos Estados Unidos. [5] O seu estudo utiliza o N-Gram para não recuperar propriedades textuais antes de avaliar os sentimentos utilizando NB, regressão linear, LR e KNN. Com a abordagem Nave Bayes, conseguiram alcançar uma eficiência de categorização de 91% para Tweets concisos. Também descobriram que talvez o classificador de análise de regressão tenha uma boa precisão de 74% para Tweets bastante curtos, mas que ambos os algoritmos têm um desempenho inferior para Tweets mais longos. Este estudo lança luz sobre o crescimento da emoção do medo do Coronavírus, bem como sobre as metodologias, consequências, restrições e possibilidades que lhe estão associadas.

Oguzhan Gencoglu (2020) [6] alcançou este objetivo ao demonstrar abordagens para a categorização do discurso em grande escala e independente da língua no Twitter. [6] Neste artigo, os autores apresentaram uma disposição em grande escala de tópicos de conversação pública, interpretando mais de 27 milhões de tweets de uma forma consistente e sistemática, ou seja, analisando o texto em categorias semânticas utilizando a aprendizagem automática em vez da classificação não supervisionada. Isto foi conseguido através da utilização de dois conjuntos de dados rotulados independentes de inquéritos relacionados com a COVID-19, com o objetivo de treinar novamente os seus algoritmos. Para capturar os tweets num quadro global que pudesse encapsular conceitos de 109 línguas diferentes, os investigadores utilizaram a mais recente incorporação de frases multilingues, conhecida como LaBSE. As suas conclusões mostram que a monitorização em grande escala de tópicos de conversação pública relacionados com a COVID-19 é possível com classificadores relativamente compactos quando estas visualizações são utilizadas fora da caixa, como demonstrado pelos seus resultados.

Al-rakmi et al. [7] recolheram 4.00.000 tweets e utilizaram KNN, NB, RF e SVM para desenvolver técnicas de seleção de caraterísticas baseadas na entropia e na correlação e abordagens de conjunto baseadas na entropia e na seleção de caraterísticas baseadas na correlação[7]. Utilizando os resultados da sua investigação, sugeriram uma abordagem baseada na aprendizagem por conjuntos para determinar a fiabilidade de um grande número de tweets. Em particular, realizaram uma interpretação de uma enorme coleção de tweets que incluía dados relevantes sobre a COVID-19 e outros eventos. De acordo com a sua metodologia, dividiram a informação em dois grupos, a que chamaram "credível" e "não credível". O sistema utiliza uma série de caraterísticas, como as caraterísticas do tweet e do utilizador, para determinar a fiabilidade de um tweet. Efectuaram uma série de testes utilizando os dados recolhidos e etiquetados. Os resultados obtidos com a utilização do quadro sugerido demonstram que este é muito preciso na distinção entre tweets fiáveis e não fiáveis que incluem informações sobre a COVID-19.

Medford et al. [8] descobriram aumentos substanciais e sustentados no total de mensagens e tweets, tweets com má saúde emocional e mental e material racialmente ofensivo durante a epidemia de COVID-19 com início em 21 de janeiro de 2020. Observaram uma correlação entre a frequência dos tweets e o número de pessoas afectadas durante as fases preliminares da epidemia de COVID-19. Recolheram tweets que incluíam hashtags relacionadas com a COVID-19 e quantificaram a prevalência de frases associadas a métodos de prevenção do vírus, vacinação, preconceito e discriminação. Utilizaram o método do sentimento para examinar a intensidade afectiva e os pensamentos predominantes. Utilizaram uma técnica de classificação para determinar e ajudar a determinar os tópicos de debate. Descobriu-se que havia um total de 126.049 tweets de 53.196 utilizadores diferentes que foram analisados. O número de tweets relativos à COVID-19 aumentou consideravelmente numa base horária a partir de 21 de janeiro de 2020, de acordo com dados compilados pelo Twitter. Um pouco mais de metade de todos os tweets (49,5%) indicavam medo ou choque, com mais de 30% a expressar total surpresa. De acordo com os dados, a frequência de tweets racialmente hostis demonstrou estar significativamente associada ao número de novos casos diagnosticados de COVID-19. De acordo com o inquérito, as ramificações económicas e políticas da COVID-19 estiveram entre as questões mais frequentemente discutidas, mas os perigos para a saúde pública e a prevenção estiveram entre os temas menos frequentemente discutidos.

Li et al. [9] analisaram os efeitos da COVID-19 na saúde mental das pessoas, num esforço para apoiar os decisores políticos na conceção de legislação significativa e os consultores (por exemplo, assistentes sociais, psiquiatras e psicólogos) na prestação de tratamento atempado às pessoas afectadas. Utilizaram a técnica de Reconhecimento Ecológico Online (REO), que se baseia em numerosos modelos de previsão de aprendizagem automática, para recolher e avaliar mensagens Weibo de 17 865 utilizadores activos do Weibo. A partir dos dados recolhidos, estimaram a frequência das palavras, as pontuações dos indicadores emocionais (como a ansiedade, a tristeza, a raiva e a felicidade de Oxford) e as pontuações dos indicadores cognitivos (como a avaliação do risco social e a satisfação com a vida). Para investigar as diferenças no mesmo grupo antes e depois da proclamação da COVID-19 em 20 de janeiro de 2020, foi utilizada a análise de sentimentos e um teste t de amostras emparelhadas. De acordo com os resultados, as emoções negativas (por exemplo, ansiedade, desespero e raiva) e a suscetibilidade aos riscos sociais aumentaram, enquanto as emoções boas (por exemplo, felicidade de Oxford) e a satisfação com a vida diminuíram, de acordo com os resultados. As observações ajudaram a preencher as lacunas de informação sobre as mudanças individuais a curto prazo nos estados psicológicos após a epidemia. Podem servir de guia para os decisores políticos planearem e combaterem com sucesso a COVID-19, aumentando a estabilidade dos sentimentos do público e preparando rapidamente os clínicos para darem as premissas terapêuticas adequadas às populações de risco e às pessoas afectadas.

Gandhe e colegas (2018) [10] desenvolveram um método integrado para a análise de tendências ao nível da frase que incorpora tanto a aprendizagem supervisionada como a não supervisionada. Usando uma metodologia de análise de sentimentos, este estudo ofereceu um método para extrair sentimentos de tweets com base em sua orientação e confiabilidade, categorizando-os e visualizando os resultados. Isto ajuda a compreender os pensamentos dos utilizadores actuais, o que pode ser útil para fazer sugestões futuras. A estratégia de aprendizagem híbrida para a classificação de tweets que propõem baseia-se no método Nave Bayes para dados temáticos ao nível da frase, com formação parcialmente rotulada, e no método probabilístico Bayesiano para a classificação de tweets. Para criar o analisador, utilizaram a AWS para extrair dados do Twitter, armazenaram os dados recolhidos em bases de dados MySQL e codificaram scripts Python para automatizar o processo. O Python Notebook é utilizado para ver os modelos gráficos que foram criados. Os resultados desta investigação serão úteis na apresentação de sugestões aos utilizadores para avaliações de produtos, campanhas políticas, previsões de acções e escolhas de políticas de urbanização, entre outras coisas. De acordo com os autores, a técnica de aprendizagem híbrida para análise de sentimentos é a principal fonte de originalidade deste estudo. Para além de apresentarem a sua técnica, discutiram também a sua implementação, avaliação e aplicações.

Neppalli et al. (2017) [11] empregam Naive Bayes, mas também SVM como dois algoritmos de ML supervisionados, com as entradas para o algoritmo consistindo numa mistura de dados de saco de palavras e subjetividade. [11] A sua investigação incluiu uma análise de sentimentos das mensagens dos utilizadores no Twitter durante o furacão Sandy e, em seguida, a visualização dos resultados num mapa geográfico centrado no percurso da tempestade. Demonstraram como os sentimentos dos utilizadores variam em resposta a catástrofes, não só com base nas suas localizações geográficas, mas também dependendo da sua distância relativa da crise. Além disso, avaliaram o impacto da divergência emocional na capacidade de retweet de um tweet e descobriram que a probabilidade de retweetar um tweet diminui à medida que o nível de divergência emocional aumenta (Figura 1). Os investigadores também revelaram que o conteúdo dos tweets com baixa divergência emocional é frequentemente de natureza informativa, enquanto o conteúdo dos tweets com elevada divergência emocional é de natureza mais pessoal e não transmite necessariamente qualquer informação útil. Conseguiram fazê-lo porque utilizaram tweets de bases de dados da Crisis Lex que foram etiquetados com etiquetas informativas e de conversação. Descobriram que a percentagem de tweets informativos supera a proporção de tweets de conversação com valores de DE baixos e que a proporção de tweets de conversação supera a proporção de tweets informativos com valores de DE elevados neste estudo.

Alaa Abd-Alrazaq, Dari Alhuwail e os seus colegas [12] recomendaram que se identificassem os assuntos mais comuns relacionados com a COVID-19 tweetados pelos utilizadores do Twitter. Exportaram a sintaxe e os meta-dados (quantidade de gostos e retweets e dados pessoais do utilizador) de tweets em inglês intensivo da população geral de 2 de fevereiro de 2020 a 15 de março de 2020, utilizando apenas um conjunto de ferramentas (API de pesquisa do Twitter, Tweepy e base de dados) e apenas um punhado de palavras-chave pré-determinadas ("corona", "2019-nCov" e "COVID-19"). Analisaram a frequência de termos simples (unigramas) e duplos (diagramas) nos tweets (bigramas). Para determinar os assuntos abordados nos tweets, utilizaram a atribuição latente para modelação de tópicos. Também efectuaram a classificação do sentimento e calcularam o grau de colaboração para cada assunto, considerando o número médio de retweets, gostos e seguidores com cada assunto.

Capítulo 3: Metodologia

3.1 Descrição do conjunto de dados:

A análise sentimental do conjunto de dados de tweets sobre a covid-19, que contém até cinco mil tweets, foi selecionada para treinar os modelos. Inicialmente, recolhemos o conjunto de dados de: https://www.kaggle.com/c/sentiment-analysis-of-covid-19-related-tweets/data

Trata-se de um conjunto de dados para a análise de sentimentos de Tweets relacionados com a pandemia de Covid-19, que é uma tarefa de classificação de texto com várias etiquetas. Desde que surgiu, o surto de coronavírus afectou mais de 180 países, tendo a economia global e o emprego sido gravemente prejudicados e limitado a cerca de 58% da população mundial. A investigação sobre os sentimentos das pessoas é essencial para manter a saúde mental e a informação sobre a Covid-19. Neste conjunto de dados, os dados de treino publicados contêm cinco mil tweets. Os dados de treino são constituídos por 3 colunas, contendo o ID do Tweet, o Texto do Tweet e as Etiquetas. Note-se que as ordens são apresentadas como Otimista (0), Agradecido (1), Empático (2), Pessimista (3), Ansioso (4), Triste (5), Irritado (6), Negação (7), Surpresa (8), Relatório oficial (9), Brincadeira (10). Para o desenvolvimento deste sistema, foram seguidos vários passos do método tradicional de aprendizagem automática. No entanto, todos os pequenos passos podem ser classificados em dois passos abstractos de alto nível. A primeira é a preparação dos dados e a segunda é a formação e a avaliação.

3.2 Preparação do conjunto de dados e pré-processamento dos dados:

Inicialmente, o conjunto de dados continha onze tipos diferentes de tweets com base no sentimento e foi classificado com nomes diferentes. Mas modificámos o conjunto de dados através do seu mapeamento. Depois de o mapear, o conjunto de dados foi classificado apenas por dois sentimentos: tweets deprimidos e não deprimidos. A ligação do atual conjunto de dados é: https://www.kaggle.com/ahmedrasidunbaridip/covid19-tweets-mapped-data. As principais colunas do conjunto de dados são os tweets e a coluna deprimida.

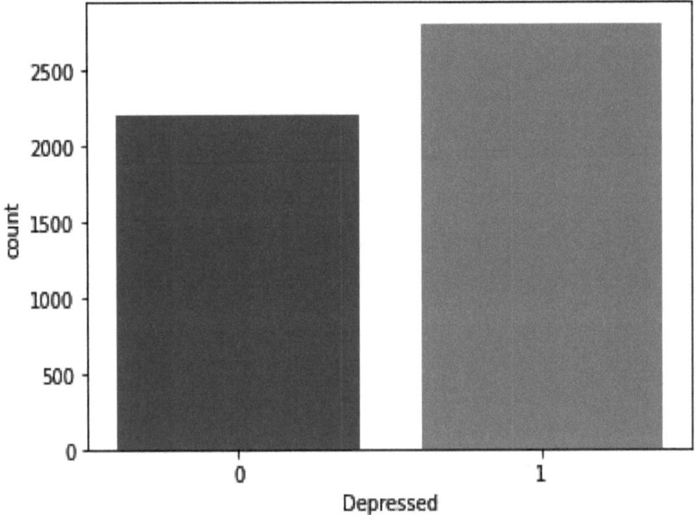

Figura 3-1: Tweets deprimidos (1) e não-deprimidos (0)

A partir deste gráfico de barras, podemos ver que a contagem total de tweets deprimidos é de 2801 e a contagem total de tweets não-deprimidos é de 2199. A coluna deprimidos foi modificada para utilizar um intervalo de 0-1, sendo os tweets deprimidos notificados como "1" e os tweets não deprimidos notificados como "0". Em seguida, a coluna dos tweets foi pré-processada. O pré-processamento dos tweets envolveu a alteração dos tweets para minúsculas, a remoção da pontuação, das palavras curtas, dos caracteres especiais e dos números dos tweets e a vectorização dos tweets. O procedimento de vectorização do texto envolve a procura de todas as palavras únicas em todos os tweets nos dados de treino, a filtragem dessas palavras e a formação de um indicador de caraterísticas para cada palavra idêntica. O método de vectorização do texto envolve a filtragem de todas as palavras únicas em todos os tweets nos dados do comboio. Criar um índice de caraterística para a palavra e, em seguida, para cada palavra única restante.

3.2.1 Treino do modelo:

Em primeiro lugar, importámos da biblioteca "Scikit-learn" o ficheiro "train_test_split" para dividir as matrizes de dados em dois subconjuntos: para os dados de treino e para os dados de teste.

3.2.1.1 Seleção do algoritmo:

Os dados pré-processados foram utilizados para treinar cinco modelos de aprendizagem automática, nomeadamente: Máquina de Vectores de Suporte (SVM), Regressão Logística (LR), Floresta Aleatória (RF), Rede Neural Artificial (ANN) e algoritmo de Árvore de Decisão (DT).
São discutidos a seguir:
1. Máquina de vectores de apoio (SVM): A SVM é um conjunto de processos de aprendizagem inspeccionados para classificação, regressão e deteção de valores atípicos. Na aprendizagem automática, todas estas são tarefas típicas. Pode ser utilizado para detetar e prever algo, razão pela qual o escolhemos para a nossa tese. Importámos o "SVC" da biblioteca "Scikit-learn" para utilizar o algoritmo da máquina de vectores de suporte no nosso código.

2. Regressão logística: A regressão logística do algoritmo de classificação de aprendizagem profunda é realizada para calcular a viabilidade de uma variável fixa. Dado o comportamento da variável objetiva ou dependente, existem apenas duas classes. Em termos gerais, na nossa tese, a variável dependente é de natureza binária, com dados representados como 1 (deprimido) e 0 (representando não deprimido). Um modelo de regressão logística é um algoritmo básico de ML que pode ser utilizado para resolver

uma diversidade de problemas de classificação, como a identificação, previsão, deteção e análise de sentimentos de spam, entre outros. Importámos a "Logistic Regression" da biblioteca "Scikit-learn" para aplicar este algoritmo no nosso código.

3. Árvore de decisão: A Árvore de Decisão é uma técnica de aprendizagem supervisionada que pode ser utilizada para resolver não só problemas de classificação, mas também problemas de regressão, embora seja mais frequentemente utilizada para resolver problemas de classificação. Os nós internos ilustram os atributos do conjunto de dados, os ramos representam as regras de decisão e cada nó folha fornece o resultado deste classificador estruturado em árvore, razão pela qual selecionámos este algoritmo para a nossa tese. Importámos o 'DecisionTreeClassifier' da biblioteca 'Scikit-learn' para incorporar o algoritmo da árvore de decisão no nosso código.

4. Floresta aleatória: O Random Forest é um algoritmo de aprendizagem aleatória bem conhecido que gere algoritmos de aprendizagem supervisionada. No ML, isto pode ser benéfico não só para questões de classificação, mas também para questões de regressão. Baseia-se na aprendizagem em conjunto e resolve problemas complexos, pelo que o escolhemos para esta tese. Importámos o "RandomForestClassifier" da biblioteca "Scikit-learn" para desmaterializar o algoritmo Random Forest no nosso código.

5. Rede Neural Artificial: Até agora, escolhemos algoritmos de diferentes domínios. Mas este foi considerado um algoritmo que ultrapassa um pouco mais os limites. Algoritmos computacionais conhecidos como redes neurais artificiais (RNA) ou redes neuronais. Foi concebido para simular o comportamento de sistemas biológicos constituídos por "neurónios". As RNA são simulações baseadas nos sistemas nervosos centrais dos animais.

Tem capacidades de aprendizagem automática e de reconhecimento de padrões. Estas foram apresentadas como "neurónios" interligados que podem calcular valores com base em entradas. Importámos o "MLPClassifier" da biblioteca "Scikit-learn" para utilizar o algoritmo de RNA de suporte no nosso código.

3.2.1.2 Geração da matriz de confusão: A matriz de confusão é uma lista que aplicámos para narrar a execução dos cinco algoritmos num conjunto de dados de teste. Existem quatro termos básicos. Vamos descrevê-la aqui:

1. Verdadeiros positivos (TP): Estes são os incidentes em que considerámos que "sim" a pessoa está deprimida e que, de facto, está deprimida.

2. **Negativos verdadeiros (TN):** Estes são os incidentes em que considerámos que "não" não estão deprimidos e que, de facto, não estão deprimidos.

3. **Falsos positivos (FP):** Estes são os incidentes em que considerámos que "sim" a pessoa está deprimida, mas na realidade não está deprimida.

4. **Falsos negativos (FN):** Trata-se de incidentes em que considerámos que "não" estão deprimidos, mas na realidade estão.

Importámos 'confusion_matrix' da biblioteca 'Scikit-learn' para utilizar a função 'confusion_matrix' no nosso código para descrever o desempenho dos cinco algoritmos.

3.2.1.3 Gerar relatório de classificação: A exatidão, a recuperação, a precisão, a pontuação f1 e as médias macro e micro são a matriz de desempenho de qualquer algoritmo. Importámos 'classification_report' da biblioteca 'Scikit-learn' para utilizar a função 'classification_report' no nosso código para descrever a exatidão, a recuperação, a precisão, a pontuação f1 e as médias macro e micro destes cinco algoritmos.

Capítulo 4: Análise dos resultados

Como mencionado anteriormente, todos os cinco algoritmos selecionados foram treinados para o conjunto de dados mapeado. Os resultados obtidos a partir do bloco de notas são resumidos e discutidos neste documento na Tabela 4-A.

4.1 Classificação dos algoritmos:

Classificação	**Algoritmo**	**Percentagem de precisão**
1	**Máquinas de vetor de suporte**	66.3
2	Regressão logística	64.1
3	Floresta aleatória	62.7
4	Rede Neural Artificial	61.7
5	Árvore de decisão	59.1

Quadro 4-A: Uma breve classificação dos algoritmos

A Tabela 4-A esclarece uma coisa, o modelo com o algoritmo **Support Vetor Machines** superou os outros algoritmos. A sua precisão é de 66,3%. O modelo de Regressão Logística vem em segundo lugar com uma precisão média de 64,1%.

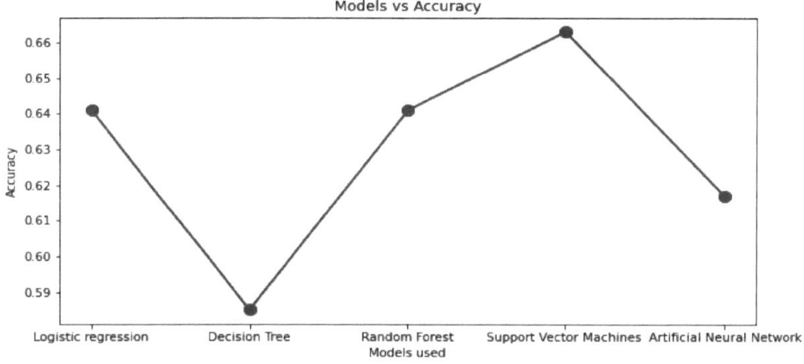

Figura 4-1: Comparação da exatidão entre algoritmos

Em seguida, o modelo Random Forest surge em terceiro lugar com uma precisão de 62,7%. Em seguida, a Rede Neuronal Artificial surge em quarto lugar com 61,7% e, por último, o algoritmo da Árvore de Decisão surge em quinto lugar com uma precisão de 58,1%.

4.2 Relatório de classificação:

Para o **algoritmo Support Vetor Machines,**

<table>
<tr><th></th><th>Precisão</th><th>Recall</th><th>Pontuação F1</th><th>Exatidão</th></tr>
<tr><td>0</td><td>0.64</td><td>0.49</td><td>0.55</td><td rowspan="4">0.66</td></tr>
<tr><td>1</td><td>0.68</td><td>0.79</td><td>0.73</td></tr>
<tr><td>Macro Média</td><td>0.66</td><td>0.64</td><td>0.64</td></tr>
<tr><td>Média ponderada</td><td>0.66</td><td>0.66</td><td>0.65</td></tr>
</table>

Tabela 4-B: Relatório de classificação das **máquinas de vectores de suporte**

Como se pode ver, o algoritmo **Support Vetor Machines** foi o que teve melhor desempenho neste estudo, com uma precisão de 0,66.

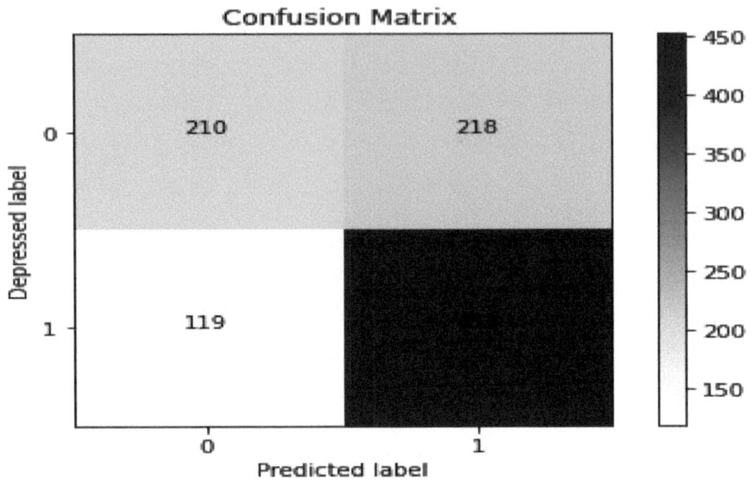

Fig. 4-2: Matriz de Confusão para **Máquinas de Vectores de Suporte**

Na matriz de confusão para **máquinas de vectores de suporte**, as instâncias negativas corretamente previstas são 210. As instâncias negativas previstas incorretamente são 218. As instâncias positivas previstas incorretamente são 119 e, por último, as instâncias positivas previstas corretamente são 453.

Para o **Algoritmo de Regressão Logística,**

	Precisão	**Recall**	**Pontuação F1**	**Exatidão**
0	0.58	0.56	0.57	0.64
1	0.68	0.70	0.69	
Macro Média	0.63	0.63	0.63	
Média ponderada	0.64	0.64	0.64	

Tabela 4-C: Relatório de classificação da **regressão logística**

Como se pode ver, o algoritmo **de regressão logística** foi o segundo com melhor desempenho neste estudo, com uma precisão de 0,64

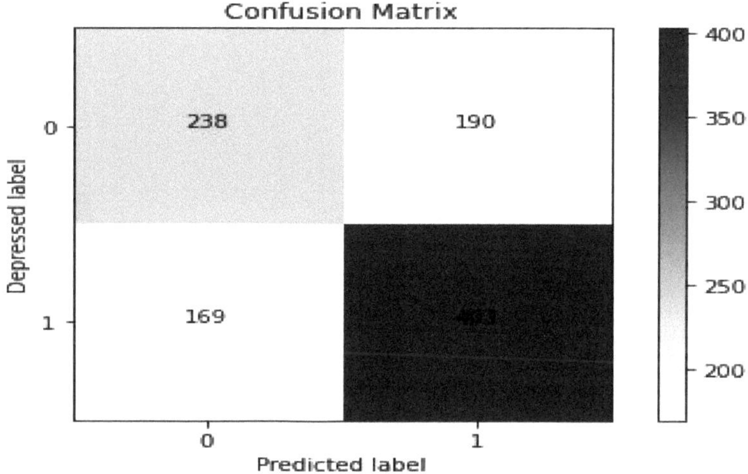

Fig. 4-3: Matriz de confusão para regressão logística

Na matriz de confusão para a Regressão Logística, as instâncias negativas corretamente previstas são 238. As instâncias negativas previstas incorretamente são 190. As instâncias positivas previstas incorretamente são 169 e, por último, as instâncias positivas previstas corretamente são 403.

Para o **algoritmo Random Forest,**

	Precisão	**Recall**	**Pontuação F1**	**Exatidão**
0	0.56	0.60	0.58	0.62
1	0.68	0.64	0.66	
Macro Média	0.62	0.62	0.62	
Média ponderada	0.63	0.62	0.62	

Tabela 4-D: Relatório de classificação do **Random Forest**

Como se pode ver, o algoritmo **Random Forest** foi o terceiro com melhor desempenho neste estudo, com uma precisão de 0,62.

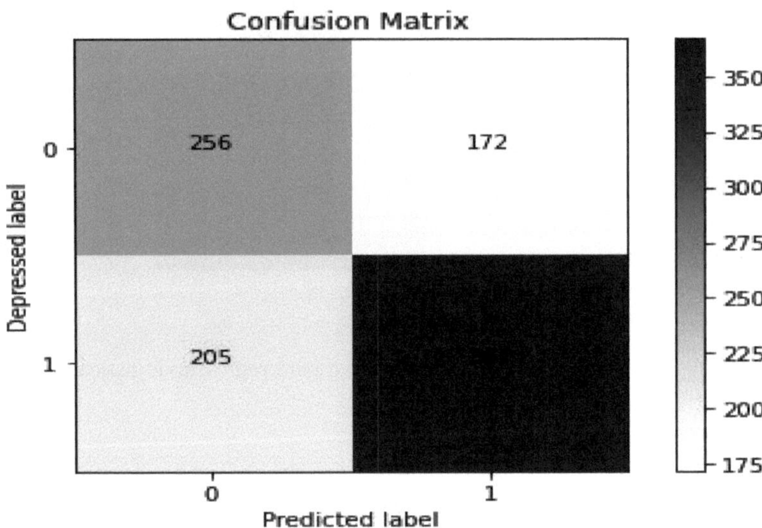

Fig. 4-4: Matriz de confusão para **Random Forest**

Na matriz de confusão para a **Floresta Aleatória**, as instâncias negativas corretamente previstas são 256. As instâncias negativas previstas incorretamente são 172. As instâncias positivas previstas incorretamente são 205 e, por último, as instâncias positivas previstas corretamente são 367.

Para o **Algoritmo de Rede Neural Artificial**,

	Precisão	Recall	Pontuação F1	Exatidão
0	0.54	0.55	0.55	

1	0.66	0.65	0.66	
Macro Média	0.60	0.60	0.60	0.61
Média ponderada	0.61	0.61	0.61	

Tabela 4-E: Relatório de classificação da **rede neural artificial**

Como se pode ver, o algoritmo **da Rède Neuronal Artificial** foi o quarto neste estudo, com uma precisão de 0,61

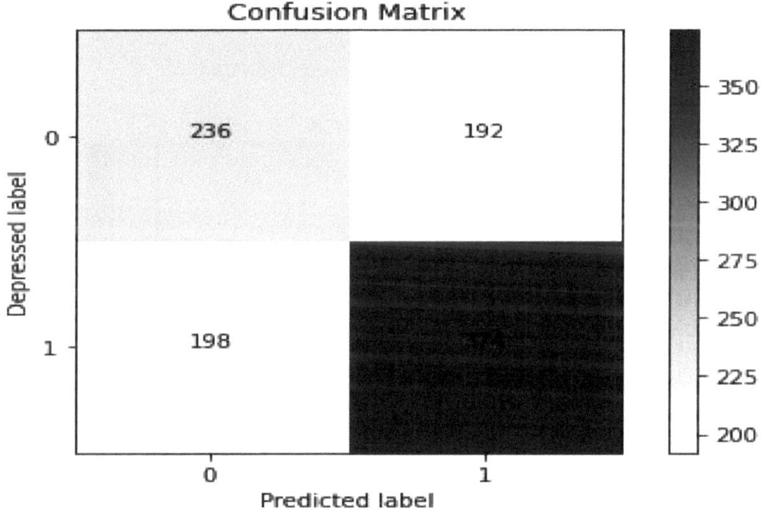

Fig. 4-5: Matriz de confusão para a rede neural artificial

Na matriz de confusão da Rede Neuronal Artificial, as instâncias negativas corretamente previstas são 236. As instâncias negativas previstas incorretamente são 192. As instâncias positivas previstas incorretamente são 198 e, por último, as instâncias positivas previstas corretamente são 374.

Para o **algoritmo de árvore de decisão**,

	Precisão	**Recall**	**Pontuação F1**	**Exatidão**
0	0.52	0.61	0.56	0.59
1	0.66	0.58	0.62	
Macro Média	0.59	0.59	0.59	
Média ponderada	0.60	0.59	0.59	

Quadro 4-F: Relatório de classificação da **árvore de decisão**

Como se pode ver, o algoritmo **da Árvore de Decisão** foi o que teve o menor desempenho neste estudo, com uma precisão de 0,59

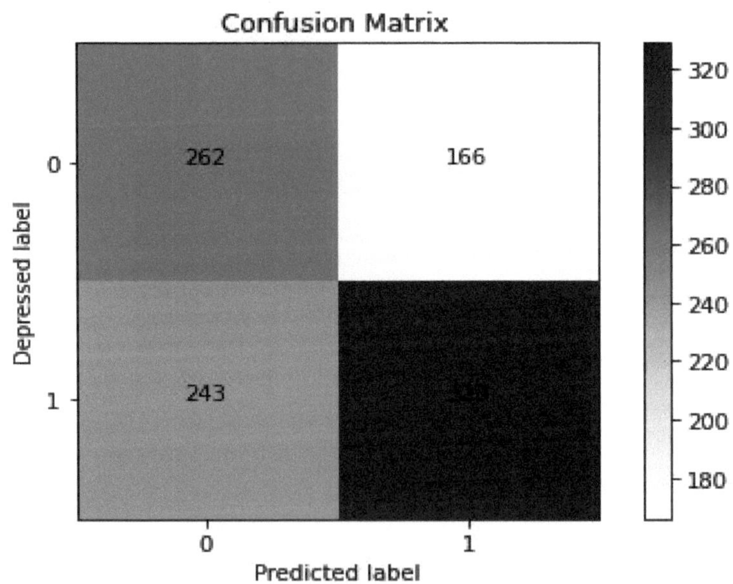

Fig. 4-6: Matriz de confusão para a árvore de decisão

Métricas	Algoritmos diferentes				
	Máquinas de vetor de suporte	Regressão logística	Floresta aleatória	Rede Neural Artificial	Árvore de decisão
Verdadeiro positivo (%)	79.19	70.45	64.16	65.38	57.51
Verdadeiro negativo (%)	49.06	55.6	59.81	55.14	61.21
Falso positivo (%)	50.94	44.4	40.19	44.85	38.79
Falso negativo (%)	20.81	29.55	35.84	34.61	42.49

Tabela 4-G. Resumo dos resultados obtidos com os diferentes algoritmos

Em primeiro lugar, no algoritmo Support Vetor Machines, a percentagem de verdadeiros positivos é de 79,19%, a de verdadeiros negativos é de 49,06%, a de falsos positivos é de 50,94% e a de falsos negativos é de 20,81%. No Algoritmo de Regressão Logística, a percentagem de Verdadeiros Positivos é de 70,45%, a de Verdadeiros Negativos é de 55,6%, a de Falsos Positivos é de 44,4% e a de Falsos Negativos é de 29,55%. No algoritmo Random Forest, a percentagem de Verdadeiros Positivos é de 64,16%, a de

Verdadeiros Negativos é de 59,81%, a de Falsos Positivos é de 40,19% e a de Falsos Negativos é de 35,84%. No algoritmo da rede neural artificial, a percentagem de verdadeiros positivos é de 65,38%, a de verdadeiros negativos é de 55,14%, a de falsos positivos é de 44,85% e a de falsos negativos é de 34,61%. Por último, no algoritmo da rede neural artificial, a percentagem de verdadeiros positivos é de 57,51%, a de verdadeiros negativos é de 61,21%, a de falsos positivos é de 38,79% e a de falsos negativos é de 42,49%.

Capítulo 5: Conclusão

Neste estudo, tentou-se praticar cinco modelos de segmentação: Regressão Logística, Árvore de Decisão, SVM, Floresta Aleatória e Rede Neural Artificial. Cinco mil dados contêm um modelo de análise de sentimentos que pode categorizar os tweets sobre a Covid-19. Foram efectuados testes cruzados de conjuntos de dados com amostras de tweets sobre a Covid-19. Com o modelo Support Vetor Machine, a precisão é de 66,3%, depois a precisão da Logistic Regression é de 64,1%, a da Decision Tree é de 59,1%, a da Random Forest é de 62,7% e, por último, a da Artificial Neural Network é de 61,7%.

Na nossa investigação, podemos constatar que a nossa precisão mais baixa é de 59,1% e o algoritmo é a Árvore de Decisão. Há muitas razões que explicam o facto de a precisão ser baixa. Uma das razões é o facto de termos poucos dados. Se tivéssemos mais dados, teríamos uma melhor precisão. Há outra razão que é a afinação do algoritmo. Por exemplo: Na floresta aleatória, temos alguns parâmetros importantes como max_features, number_trees e outros. Através da otimização intuitiva dos valores destes parâmetros, surgem modelos melhores e mais precisos. O conjunto de dados foi classificado apenas por dois sentimentos: Tweets deprimidos (0) e não-deprimidos (1). Mas se classificarmos com mais sentimentos, a nossa precisão aumentará. Uma das limitações deste trabalho é o facto de ser mais provável que os tweets tenham consequências não intencionais. Também depende da informação de treino utilizada, uma vez que se trata de uma classificação binária sem qualquer previsão de representações imparciais. A classificação restringe-se apenas ao inglês e é provável que apresente resultados incorrectos para outras línguas. Outro problema é o método de formação de conjuntos de dados cruzados, porque os modelos especialmente treinados da Covid-19 podem ter uma boa perceção da classificação de tweets específicos, incluindo trocas específicas.

A investigação de uma abordagem deste tipo é previsível no futuro. No futuro, podemos prever, olhando para um tweet, se ele está deprimido ou não, utilizando a PNL (Processamento de Linguagem Natural). A PNL ajuda os computadores a comunicar com o dialeto humano e mede outras tarefas relacionadas com a linguagem. Neste caso, a PNL faz com que o computador recite texto, ouça o discurso, compile, meça sentimentos e perceba que partes são necessárias. Até é possível prever imagens ou emojis utilizando a aprendizagem profunda. Estes algoritmos actuais de análise de sentimentos têm, no entanto, muito espaço para desenvolvimento. Com informação semântica e de senso comum adicional, os actuais algoritmos de análise de emoções podem ser melhorados.

Referências

[1] (OMS), Organização Mundial de Saúde. "As investigações preliminares conduzidas pelas autoridades chinesas não encontraram provas claras de transmissão entre humanos do novo #Coronavírus (2019- NCoV) identificado em #Wuhan, #China·· . Pic.twitter.com/Fnl5P877VG." Twitter, Twitter, 14 Jan. 2020, twitter.com/WHO/status/1217043229427761152.

[2] Huang, Chaolin, Yeming Wang, Xingwang Li, Lili Ren, Jianping Zhao, Yi Hu, Li Zhang. "Caraterísticas clínicas de pacientes infectados com o novo coronavírus 2019 em Wuhan, China". The Lancet 395, no. 10223 (2020): 497-506. 2.

[3] Dubey, A. D. (2020). Análise de sentimento do Twitter durante o surto de COVID19. Disponível em: https://ssrn.com/abstract=3572023.

[4] Xue, J., Chen, J., Hu, R., Chen, C., Zheng, C., Liu, X., & Zhu, T (2020). Discussões e emoções no Twitter sobre a pandemia COVID-19: Uma abordagem de aprendizado de máquina. (2020). arXiv: 2005.12830.

[5] Samuel, J., Ali, G.G.M.N., Rahman, M.M., Esawi, E., Samuel, Y. (2020) COVID-19 public sentiment insights and machine learning for tweets classification, Information 11 (2020) 314, http://dx.doi.org/10.3390/info11060314, URL: https://www.mdpi.com/2078-2489/11/6/314, number: 6 Publisher:

Instituto Multidisciplinar de Publicações Digitais.

[6] Gencoglu, O. (2020) Classificação do discurso dos tweets em grande escala e independente da língua durante a COVID-19, Mach. Learn. Knowl. Extraction 2 (2020) 603-616, http://dx.doi.org/10.3390/make2040032, URL: https://www.mdpi.com/2504-4990/2/4/32, número: 4 Publisher: Instituto Multidisciplinar de Publicações Digitais.

[7] Al-Rakhami, M.S e Al-Amri, A.M.(2020) As mentiras matam os factos salvam: Detetar a desinformação sobre a COVID-19 no Twitter, IEEE Access 8 (2020) 155961-155970, http://dx.doi.org/10.1109/ACCESS.2020.3019600, nome da conferência: IEEE Access.

[8] Medford, R.J., Saleh, N.S., Sumarsono A, Perl M. T., Lehmann U. C. (2020). Um "Infodêmico": Aproveitando dados de alto volume do Twitter para entender o sentimento público para o surto de COVID-19

[9] Li, S.; Wang, Y.; Xue, J.; Zhao, N.; Zhu, T. O impacto da declaração da epidemia de COVID-19 nas consequências psicológicas: Um estudo sobre utilizadores activos do Weibo. Int. J. Environ. Res. Saúde Pública 2020, 17, 2032.

[10] Gandhe, K., Varde, A. S., & Du, X. (2018). Análise de sentimento de dados do twitter com aprendizado híbrido para aplicações de recomendação. In, 2018. 2018 9th IEEE annual ubiquitous computing, Electronics & Mobile Communication

Conference (UEMCON), New York City, NY, USA (pp. 57-63). https://doi.org/10.1109/UEMCON.2018.8796661.

[11] Neppalli, V. K., Caragea, C., Squicciarini, A., Tapia, A., & Stehle, S. (2017). Análise de sentimento durante o furacão Sandy em resposta a emergências. Jornal Internacional de Redução de Riscos de Desastres, 21, 213-222.

[12] Abd-Alrazaq A, Alhuwail D, Househ M, Hamdi M, Shah Z. Principais preocupações dos twitteiros durante a pandemia de COVID-19: estudo de infovigilância. J Med Internet Res 2020;22(4):e19016.

[13] Yun Qiu, Chen Xi, Shi Wei Impacto dos factores sociais e económicos na transmissão da doença do coronavírus 2019 (COVID-19) na China ;J. Popul. Econ., 33 (2019), pp. 1127-1172.

[14] Merchant Raina M., Lurie Nicole Os meios de comunicação social e a preparação para situações de emergência em resposta ao novo coronavírus JAMA, 323 (20) (2020), pp. 2011-2012.

[15] Zafar Saeed, Abbasi Rabeeh Ayaz, Maqbool Onaiza, Sadaf Abida, Razzak Imran, Daud Ali, Aljohani Naif Radi, Xu Guandong O que está a acontecer em todo o mundo? Uma pesquisa e uma estrutura sobre técnicas de deteção de eventos no Twitter; J. Grid Comput., 17 (2) (2019), pp. 279-31.

[16] Meena, R., V. Thulasi Bai e J. Omana.(2019).Análise de sentimento em tweets para uma combinação de doença e tratamento. Na Conferência Internacional sobre Visão Computacional e

Computação Bio Inspirada, pp. 1283-1293. Springer, Cham.

[17] Manoharan, J. Samuel. (2021) Algoritmo de rede de cápsulas para Otimização de desempenho de classificação de texto. Journal of Soft Computing Paradigm (JSCP) 3, no. 01: 1-9.

[18] Thapa, L. B., & Bal,B. K.(2016). Classifying sentiments in Nepali subjective texts.2016 7th International conference on information, intelligence, systems & applications (IISA),(pp. 1-6).

[19] Jelodar H, Wang Y, Orji R, Huang H. Classificação profunda de sentimentos e descoberta de tópicos em novas discussões online sobre coronavírus ou covid-19: Nlp usando a abordagem de rede neural recorrente lstm. arXiv preprint. 2020.

[20] Sanders A, White R, Severson L, Ma R, McQueen R, Paulo HCA, et al. Desmascarando a conversa sobre máscaras: Processamento de linguagem natural para análise de sentimento tópico do discurso do Twitter COVID-19. medRxiv. 2020;.

[21] Rajput NK, Grover BA, Rathi VK. Frequência de palavras e análise de sentimentos de mensagens do Twitter durante a pandemia de Coronavirus. arXiv preprint arXiv:200403925. 2020.

[22] Zhang L, Zhan C. Aprendizagem automática na classificação de fácies rochosas: uma aplicação do XGBoost. In: Conferência Internacional de Geofísica, Qingdao, China, 17-20 de abril de 2017.

Sociedade de Geofísicos de Exploração e Sociedade Chinesa de Petróleo; 2017. p. 1371-1374.

[23] Rustam F, Reshi AA, Mehmood A, Ullah S, On B, Aslam W, et al. COVID-19 Future Forecasting Using Supervised Machine Learning Models. Acesso IEEE.

[24] Dubey AD. Análise do sentimento no Twitter durante o surto de COVID19. Disponível em SSRN 3572023. 2020.

[25] Abd-Alrazaq A, Alhuwail D, Househ M, Hamdi M, Shah Z. Principais preocupações dos twitteiros durante a pandemia de COVID-19: estudo de infovigilância. Jornal de pesquisa médica na Internet. 2020; 22(4):e19016.

[26] Doulamis Nikolaos D., Doulamis Anastasios D., Kokkinos Panagiotis
Deteção de eventos no microblogging do twitter IEEE Trans. Cybern., 46 (12) (2015), pp. 2810-2824.

[27] Klein AZ, Magge A, O'Connor K, et al. Para utilizar o Twitter no rastreio da COVID-19: Um pipeline de processamento de linguagem natural e um conjunto de dados exploratórios. *Jornal de Pesquisa Médica na Internet*. 2021;23(1)

[28] Medford RJ, Saleh SN, Sumarsono A, et al. Uma "infodemia": Aproveitando dados de alto volume do Twitter para entender o

sentimento público para o surto de COVID-19. *medRxiv preprint*. 2020.

[29] Mouchtaris P, Nikiforos T, Stamatatos E. COVID-19 nas redes sociais: Analisando a desinformação durante a pandemia usando PNL. *arXiv preprint*. 2020.

[30] Rathi VK, Rajput NK, Grover BA. Análise de sentimentos do público em confinamento devido à pandemia de COVID-19 utilizando a aprendizagem automática. *Jornal Internacional de Ciência e Pesquisa*. 2020;9(5).

[31] Rathi VK, Rajput NK, Grover BA. Análise de sentimentos do público em confinamento devido à pandemia de COVID-19 utilizando a aprendizagem automática. *Jornal Internacional de Ciência e Pesquisa*. 2020;9(5).

[32] Chintalapudi N, Battineni G, Amenta F. Impacto sentimental da pandemia de COVID-19 nos profissionais de saúde: Um estudo analítico baseado no Twitter. *Jornal de Investigação sobre a Qualidade dos Cuidados de Saúde*. 2021;36(3):155-159.

[33] Samuel J, Ali GGMN, Rahman MM, Esawi E, Samuel Y. COVID-19 public sentiment insights and machine learning for tweets classification. *Informação*. 2020;11(6):314.

[34] Gautam Y, Yadav D. Sentiment analysis of COVID-19 tweets using machine learning approach (Análise de sentimentos dos tweets sobre a COVID-19 utilizando uma abordagem de aprendizagem

automática). *Conferência Internacional sobre Tecnologia da Informação*. 2020.

[35] Abd-Alrazaq A, Alhuwail D, Househ M, Hamdi M, Shah Z. Principais preocupações dos twitteiros durante a pandemia de COVID-19: estudo de infovigilância. *Jornal de Pesquisa Médica na Internet*. 2020;22(4)

[36] Rout J, Mallick BK, Nayak JK. Análise de sentimento de avaliações de alimentos online usando aprendizado profundo com rede neural convolucional. *Springer Advances in Intelligent Systems and Computing (Avanços em sistemas inteligentes e computação)*. 2020.

[37] Lwin MO, Lu J, Sheldenkar A, et al. Sentimentos globais em torno da pandemia de COVID-19 no Twitter: Análise das tendências do Twitter. *JMIR Saúde Pública e Vigilância*. 2020;6(2).

[38] Kaur S, Shah V, Thakkar P, Soni V, Shroff G. A machine learning-based approach for sentiment analysis of COVID-19 pandemic using Twitter data. *IEEE 6ª Conferência Internacional sobre Computação para o Desenvolvimento Global Sustentável*. 2020.

[39] Yang KC, Torres-Lugo C, Menczer F. Prevalência de informações de baixa credibilidade no Twitter durante o surto de COVID-19. *PLOS ONE*. 2020;15(10)

[40] Kaur S, Chakraborty T, Kumar M, et al. Mineração de dados do Twitter para sentimentos sobre a vacina contra a COVID-19:

Uma abordagem de processamento de linguagem natural. *Conferência Internacional sobre Mineração de Dados e Aprendizado de Máquina*. 2020.

[41] Imran AS, Daudpota SM, Kastrati Z, Batra R. Polaridade transcultural e deteção de emoções utilizando análise de sentimentos e aprendizagem profunda em tweets relacionados com a COVID-19. *Acesso IEEE*. 2020;8:181074-181090.

[42] Thelwall M, Thelwall S. COVID-19 tweeting in English: Diferenças de género. *Ciberpsicologia, comportamento e redes sociais*. 2020;23(7):393-397.

[43] Khatua A, Khatua A. Immediate and long-term impact of COVID-19 on oil prices using sentiment analysis and machine learning techniques. *arXiv preprint arXiv:*200414016. 2020.

[44] Sundaravel E, Gnanapandithan B. Análise de sentimentos do confinamento por COVID-19 na Índia: Um estudo de caso sobre dados do Twitter. *Transições Globais*. 2020;2:32-38.

[45] Zhou Y, Wang X, Kumar A, Wang J. Sentiment analysis on tweets for social events prediction (Análise de sentimentos em tweets para previsão de eventos sociais). *Procedia Computer Science*. 2020;174:511-520.

[46] Garcia K, Berton L. Deteção de tópicos e análise de sentimentos no conteúdo do Twitter relacionado à COVID-19 no Brasil e nos EUA. *Applied Soft Computing*. 2021;101:107057.

Printed by Books on Demand GmbH, Norderstedt / Germany